Johann Wilhelm Ludwig von Luce

Bemerkungen und Mutmaßungen über die Wünschelruthe

Allen Naturforschern zur beliebigen Prüfung vorgelegt

Johann Wilhelm Ludwig von Luce
Bemerkungen und Mutmaßungen über die Wünschelruthe
Allen Naturforschern zur beliebigen Prüfung vorgelegt

ISBN/EAN: 9783743464001

Hergestellt in Europa, USA, Kanada, Australien, Japan

Cover: Foto ©berggeist007 / pixelio.de

Manufactured and distributed by brebook publishing software (www.brebook.com)

Johann Wilhelm Ludwig von Luce

Bemerkungen und Mutmaßungen über die Wünschelruthe

Bemerkungen und Muthmaßungen

über die

Wünschelruthe

allen

Naturforschern zur beliebigen
Prüfung

vorgelegt

von

J. W. L. Luce,

der Herzogl. deutschen Gesellschaft in Helmstädt
Ehrenmitgliede.

Tout ce qui est incroyable n'est pas toujours faux.
Bayle.

Neuwied und Leipzig
bei Gehra und Haupt.
1790.

Einleitung.

Vor einiger Zeit las ich in den Zeitungen, daß die pariser Academie der Wissenschaften die Frage aufgeworfen: „Ob etwas, und wie viel Wahres an der Wünschelruthe sey?"

Mich wundert, daß diese Frage nicht schon früher und von mehrern ist erörtert worden. Wie viele haben nicht seit verschiedenen Jahren Staubfäden gezählt, Moose beguckt, Luft gewogen, Urnen gegraben, Inschriften entziefert? 2c. Wie viele haben nicht Reisen gemacht, um Naturbegebenheiten zu sehen, zu untersuchen, zu beschreiben, wovon der ganze Nutzen bei vielen der war, daß mans gesehen hatte, und nun gewiß wuste, daß dem also sey. Wie viele haben nicht kostbare Versuche gemacht, zur Bestätigung schon entdeckter, (obgleich bis jetzt wenig Nutzen schaffender)

Wahrheiten, oder zur Entdeckung und Aufklärung solcher, deren Nutzen erst für die Zukunft als möglich oder wahrscheinlich gedacht werden kann? Wie viele arbeiten noch täglich daran, alter Sitten und Gebräuche Ursprung zu entdecken, so wenig positiver Nutzen auch oft dadurch bewirkt, meistentheils nur unsere Neugierde befriedigt wird? Wie viele geben sich Mühe, den Aberglauben zu bestürmen, alte Sagen und Traditionen zu berichtigen, und das Wahre vom Falschen abzusondern? — Und doch scheint die, (wenigstens dem Namen nach,) allgemein bekannte Wünschelruthe dem forschbegierigen Auge unserer Naturforscher und Volksaufklärer entschlüpft zu seyn, und wäre doch meines Erachtens dem einen als Aberglaube, und dem andern als vorgegebene Naturbegebenheit wichtig genug.

Ich weiß wohl, daß man hin und wieder dies und das darüber geschrieben, oder vielmehr nur so gelegentlich hingeworfen hat; ob aber diese Herren allemal mit der nöthigen
Wis-

Wiſſenſchaft, Gewiſſenhaftigkeit und ohne Vorurtheil gehörig unterſuchten, ehe ſie ſchrieben? — iſt eine andere Frage. Ich bin überzeugt, daß viele, die ohne Umſtände hinſchreiben: die Wünſchelruthe iſt eine abergläubiſche Fratze ꝛc. vielleicht nie eine geſehen, vielweniger Experimente damit angeſtellt haben.

Wollte man hier einwenden: daß kein naturforſchender Gelehrter, ja faſt kein aufgeklärter vernünftiger Menſch ihre Wirkung glaube, daß man ſich daher geneigter fühle, die Meinung dieſer anzunehmen, als die, des abergläubiſchen Pöbels, ſo thun diejenigen freylich wohl, die nichts weiter wollen und können als nachbeten; wollten ſie aber darüber ſchreiben, ſo thäten ſie doch immer beſſer, und würden ſich gründlicher und ſicherer darüber herauslaſſen können, wenn ſie, beſonders da die Unterſuchung ſo leicht iſt, ſo wenig Zeit, Unkoſten und Mühe koſtet, erſt ein kleines Pröbchen machten, oder durchaus einen Naturturforscher zu Rathe zögen, der mit der Sache nicht blos vom Hörensagen bekannt wäre.

Wollte man einwenden: das Ding sey zu geringfügig, als daß man seine Zeit darauf verwenden sollte, so beliebe man zu bedenken, daß man sich über noch weit geringere Dinge, oft über die abgeschmacktesten Mährchen, einzelne alte Wörter, einige Buchstaben auf Steinen ꝛc. den Kopf zerbrochen, Unkosten verwandt, Reisen gemacht, geschrieben und sich gezankt hat, und unser Gegenstand ist von der einen Seite ein sehr wichtiges Stück des Aberglaubens, und im Fall etwas Wahres dran seyn sollte, eine wichtige Erscheinung in der Natur, die uns vielleicht eine bisher unbekannte Kraft kennen lehrt.

Wollte man endlich sagen: die Erzählungen von den Würkungen der Wünschelruthe wären so übertrieben, abgeschmackt, vernunftwidrig, und trügen so sehr das Gepräge des Aberglaubens an sich, daß man schon ohne Untersuchung

suchung sähe, es sey alles Fabel und Volks=
gewäsch, so habe ich nichts dagegen, als daß
unsern Vorfahren und auch uns schon manches
so geschienen, daß sich doch manchmal ganz,
oft zum Theil bestätigt hat. Auch habe ich
noch keinem alten Mährchen nachgespürt, wo
ich nicht am Ende gefunden, daß etwas Wah=
res zum Grunde lag. Wie? wenn das der
Fall auch hier wäre? — Und warum sollte
ers denn schlechterdings nicht seyn können? —
Kennen wir etwa alle Kräfte der Natur so
genau, daß wir mit Gewißheit sagen können:
diese giebts nicht? — oder soll deswegen alles
falsch seyn, weil sichs vors erste nicht begrei=
fen läßt wie's zuginge? — oder weil sichs
nicht erklären, oder nicht a priori erweisen
läßt? — O! wie viel müste denn Täuschung
seyn, was doch ein jeder glaubt, weil ers
sieht und empfindet. Und wenn es sich nun
fügen sollte, daß man unter dem Schwall von
Firlefanz und Unsinn an der Wünschelruthe
etwas Wahres entdeckte, sollte dies nicht mehr
werth seyn, als eine alte römische Inschrift

gefunden zu haben, die man nicht mehr lesen kann?

Diese Entdeckung, wenn sie in der Natur vorhanden ist, können wir alle Tage und ohne Unkosten machen. Ich glaube daher, und werde es in der Folge noch deutlicher zeigen, daß ich nicht zu viel thue, wenn ich alle Naturforscher, die Gelegenheit dazu haben, auffordere, und durch die Bekanntmachung meiner wenigen Erfahrungen durch diese Blätter aufmuntere, sich durch eigene Untersuchungen näher mit der Wünschelruthe bekannt zu machen, und dem Dinge weiter nachzudenken. Denn sollten sie hiebei auch nichts ganz neues entdecken, so werden doch vielleicht andere Sätze befestigt und aufgeklärt, die bis jetzt nur mit hypothetischer Wahrscheinlichkeit behauptet wurden. Ja! wir wollen auch den äussersten Fall annehmen: sie fänden gar nichts als Täuschung und Aberglauben, o! so ist ihre darauf verwandte Zeit und Mühe immer noch sehr gut angewandt: denn nun kön=

koͤnnen ſie auch dieſen Aberglauben ſicherer
ſtuͤrzen, manchen Bergwerksluſtigen viel Geld,
viele Sorgen, und am Ende den Verdruß der
empfundenen Taͤuſchung erſparen, den uͤbri-
gen ein Inſtrument der Barbarey und des Un-
ſinns aus den Haͤnden reiſſen, welches noch
in ſo vieler Haͤnden iſt, und ſo viel Unweſen
damit getrieben wird, daß der Aufklaͤrer es
ſich ſchon laͤngſt ſollte zur Pflicht gemacht haben, hier Schlacken vom Metall abzuſondern,
oder wenns lauter Schlacke iſt, ſie gehoͤrig
wegzuraͤumen.

Ich bin nicht Aufklaͤrer und nicht Naturfor-
ſcher von Profeßion, und habe mich lange ge-
ſchaͤmt mit meinen Bemerkungen und Muthmaßungen uͤber die Wuͤnſchelruthe im Publico
aufzutreten, weil das Ding ſo uͤberall laͤcher-
lich gemacht worden iſt, und faſt keiner, deſſen
Urtheil in Betracht kommt, und nicht Berg-
bedienter iſt, ihren Wirkungen das geringſte
zutrauet; aber ich bekam Muth, da eine Academie der Wiſſenſchaften dies Inſtrument ihrer

Aufmerksamkeit nicht unwerth hielt. Ich werde nun hier, ohne alles sagen zu wollen, dasjenige vortragen, was ich glaube das zur Untersuchung aufmuntern, oder bei derselben behülflich seyn könnte. Mit allem dem aber, was ich hier schreibe, will ich nichts behaupten und nichts beweisen. Ich bin weder dafür noch dawieder, suspendire mein Urtheil, und erwarte, wie andere entscheiden werden. Wenn ich muthmaße, so geschiehts nur immer in der Hinsicht, wenn es einst wirklich bewiesen würde, daß die Wünschelruthe diese Wirkung habe. Sollte es manchmal scheinen, als wäre ich für die Ruthe, so will ich damit nur so viel sagen, daß ich auch nicht dagegen bin, und sie nicht gern ohne hinlängliche Gründe möchte ganz verdammen lassen; werde ich aber durch unumstößliche Beweise überführt, daß es mit den Wirkungen der Wünschelruthe Betrug ist, und ich getäuscht bin, so soll mir das eben so lieb seyn, als wenn die gegenseitige Meinung die Oberhand behielte. Nun zur Sache.

I. Von

I.
Von dem Ursprunge der Wünschel-ruthe.

§. 1.

Wer sich zuerst einer Wünschelruthe bedient habe, und wenn dieses geschehen, habe ich, trotz aller angewandten Mühe, nicht herausbringen können. Ihr höchstes Alter, das man mit Wahrscheinlichkeit behaupten kann, ist ohngefehr 300 Jahr. Basilius Valentinus, der um das Jahr 1490 gelebt haben soll, wie Bapt. Vallemontius in seiner Physique occulte behauptet, hat davon geschrieben, und war gewiß nicht der Erfinder derselben, weil er sie als eine so bekannte Sache schildert, daß er sich nicht einmal die Mühe giebt, deutlich zu beschreiben, und die Wirkungen derselben schon recht alchymistisch übertreibt. So behauptet auch Vallemontius, der um das Jahr 1690 lebte, loc. cit., daß seit 200

Jahren vor seiner Zeit die Bergleute zu Aufschürfung der Gänge, und seit 100 Jahren vor seiner Zeit die Brunnengräber zur Findung der Wasseradern, sich derselben bedient haben sollen. Diesem allen zufolge müste ihr eigentlicher Ursprung wahrscheinlicher Weise weit älter seyn, da man sie schon vor 300 Jahren überall kannte, und ihr Gebrauch so allgemein war, welcher eigentliche Ursprung aber wohl schwerlich mit Gewißheit wird entdeckt werden.

§. 2.

Es hat übrigens nicht gefehlt an solchen, die Conjecturen über ihre Entstehung gewagt, und oft dreist genug behauptet haben. So leiten sie einige aus den Zeiten Noä her, andere halten den Thubal für den Erfinder derselben, noch andere glauben der Stab Mosis sey eine Wünschelruthe gewesen. Ferner meynen einige Hiob müsse sich auch schon auf die Ruthe verstanden, und damit experimentirt haben, welches sie aus Hiob XXVIII, 1—5.

zu beweisen denken, wo höchstens ein Beweis ist, daß man zu der Zeit, wie das Buch geschrieben wurde, schon Bergwerke entdeckt hatte, und dieselben bearbeitete. Einige suchen den Ursprung der Wünschelruthe bei den ägyptischen Priestern, und beziehen sich auf den Diodorus Siculus, welcher schreibt: daß die ägyptischen Priester den Göttern Stäbe geweiht, und daraus oder damit geweissaget hätten. Dieses machten ihnen die Juden treulich nach, s. Hos. IV, 12. Ob nicht einige die Ruthe Arons für eine Wünschelruthe mögen gehalten haben, weiß ich nicht, doch vermuthe ichs fast, weil man in manchem alten französischen Schriftsteller oft die Wünschelruthe mit dem Namen Aronsruthe belegt findet. Nach einer andern französischen Benennung zu schließen scheint es, als wenn einige den alten Erzvater Jacob auch gelegentlich zum Ruthengänger promovirt haben. Ja wie einige wollen, soll sogar des Königs Artaxerxes Zepter, welchen er IV, 10. seiner Frau Gemahlinn auf die Schulter legte, eine

Wün-

Wünschelruthe gewesen seyn, u. s. w. ohe! jam satis! was sucht man, was findt man nicht alles in der Biebel! —

Vallemontius sucht sie in Homers Odyss. 13 und 16, und zwar in der Ruthe der Pallas. Einige geben die erste Wünschelruthe mit zwo Schlangen umwunden dem Merkur in die Hand, und viele meynen die Ruthe der Circe wäre die erste gewesen. So glauben auch manche, daß Cicero schon mit der Wünschelruthe bekannt gewesen sey, nach der Stelle Lib. I. de Officiis am Ende; beziehen sich auch auf Nonius, der in seinem Buche de proprietate sermonum eine Rede von Varo, de virgula divina citiren soll.

§. 3.

Daß von allen obigen Meynungen wenig oder nichts erweislich ist, sieht ein jeder leicht ein. Wenn ich aber einer beipflichten müste, so gefiele mir doch die am besten, daß die Rabdomantio der Aegyptier, die sich bei vie=
len

len heidnischen Völkern, selbst bei den Juden lange in großem Ansehen erhalten, ja noch Scherzweise jetzt getrieben wird, denn jeder Taschenspieler hat sein Zauberstäbchen, vermöge welchem er seine angeblichen Wunder zu verrichten vorgiebt, daß diese Rabdomantie, sage ich, die Veranlassung zu der Erfindung oder dem nachmaligen Gebrauche der Wünschelruthe gegeben habe: denn unsere alten Schriftsteller geben auch gänze Stäbe und gerade Stöcke als Wünschelruthen an, die aber jetzt fast ganz ausser Gebrauch sind. Oder sollte vielleicht umgekehrt die Wünschelruthe, durch ihre Wirkung, Veranlassung zur Rabdomantie gegeben haben, und also noch früher bekannt gewesen seyn, als diese, ob sie gleich hernach wieder aus dieser als ihre ehemalige Basis übrig bleiben könnte? — Doch dazu gehört erst ein starker Beweis für die Gültigkeit der Wünschelruthe selbst.

II. Be-

II.
Beschreibung.

§. 4.

Die, jetziger Zeit gebräuchlichste Wünschelruthe, ist ein haselner Strauch. Wenn nemlich in einem Jahre aus der Spitze eines haselnen Strauches zwei gleich dicke und gleich lange Reiser, und zwar aus dem obersten Knoten oder Auge gewachsen sind, und man bricht diese unter dem Knoten ab, so daß man beide Reiser mit und in dem Knoten vereinigt behält, und streift das Laub ab, so hat man eine sogenannte Wünschelruthe. Will man damit experimentiren, so faßt man die beiden Spitzen mit beiden nach oben auswärts gekehrten Händen an, daß der Knoten oben zu stehen kommt, und die beiden Spitzen unter dem Daumen aus den Händen herausstehen. Wenn sie wirkt, so neigt sich der Knoten zur Erde.

§. 5.

§. 5.

Ich gebe nur von dieser einzigen Art eine Beschreibung, weil ich mit den übrigen nicht hinlänglich bekannt bin, und daß ich gerade diese oben angegebenen Requisite fordere, davon vielleicht hernach ein Mehreres. Alles übrige, was der gemeine Bergmann, besonders der Ruthengänger von Profeßion, der Schatzgräber und Wahrsager für Hokuspokus dabei macht und fordert, z. E. daß man sie unter gewisser Constellation, vor Sonnen Aufgang, in einer gewissen Jahrszeit, stillschweigends, oder wohl gar mit Sprechung gewisser Worte, ꝛc. ꝛc. brechen müsse, ist zu abgeschmackt, als daß man darauf Rücksicht nehmen sollte: denn das kann man doch wohl vorläufig behaupten, daß wenn die vorgebliche Wirkung ihren Grund in der Natur habe, die Kleinigkeit des Orts, der Zeit u. s. w. noch vielweniger aber die Thorheiten der Charactere und Worte, keinen Unterschied machen können.

III.

Verschiedene Arten.

§. 6.

In den ältern Zeiten zählte man mehrerlei Arten der Wünschelruthe. In Absicht ihrer Bestandtheile machte man sie z. B. aus mehrern Holzarten. Daß dieses angehe, behaupten noch viele Ruthengänger unter den Bergleuten; einige von diesen meinen aber eine solche Ruthe müste erst besprochen werden, wenn sie ihre Wirkung zeigen sollte. Ja man behauptete ehemals auch wohl, daß man aus Messer und Gabel, ein Paar irdenen Pfeifen, ꝛc. ꝛc. Wünschelruthen, oder ihnen gleich wirkende Werkzeuge, verfertigen könne. Auch macht man jetzt noch welche von Metall, besonders aus Meßing, doch gewöhnlich nicht ohne abergläubische Grimasse, und schreibt ihnen mit der Hölzernen gleiche Wirkung zu.

§. 7.

§. 7.

In Abſicht ihrer Form und Figur war ſie auch ſehr verſchieden, welche aber meines Wiſſens alle bis auf obbeſchriebene Gabel aus der Mode gekommen ſind. Man brauchte ehmals einen oder zween ganz gerade Stäbe, bog einen Stock in einen halben Zirkel, u. ſ. w. Wer etwa Luſt hätte, mit alle dieſem Vorgeben oder Erfindungen ſich bekannt zu machen, der beliebe nur des Joh. Gottfried Zeidlers Pantomyſterium, oder das Neue vom Jahre in der Wünſchelruthe vom Jahr 1700 nachzuleſen. Dieſer Autor hat ſich überdem durch ſehr viele Kupfer deutlich gemacht.

§. 8.

In Abſicht ihres Gebrauchs und Endzwecks zählt der alte Erzvater der Alchymiſten, Baſilius Valentinus *), 7 Arten der Wün-

ſchel=

---

*) S. deſſ. Chem. Schriften 2 Th. 1677. geſammelt und herausgegeben.

schelruthe. Er spricht nemlich 1.) de Virgula lucente (Feuerruthe). Was das aber für ein Ding ist, kann ich nicht errathen, denn der liebe Mann spricht die mystische Sprache der Goldmacher, und die verstehe ich leider nicht. 2.) Seine Virgula candens (Brandruthe) ist ein Stab hart Holz, forn mit einer Masse bestrichen, deren Basis Spathkalk ist, soll beim Experimentiren heiß werden. 3.) Redet er de salia Virgula (Springruthe). Diese besteht aus 2 Holzstäbchen, jeder eine halbe Spanne lang, deren innere Seiten man an der Spitze, wo sie zusammentreffen, mit Markasit bestreichen soll, da sie denn, wenn man damit das Gesuchte antrifft, auseinander springen sollen, wie er sagt, daß mans nicht halten kann. Diese recommandirt er hauptsächlich beim Schatzgraben. 4.) Furcilla nennt er die gewöhnliche Schlageruthe, den Gegenstand dieser Abhandlung. 5.) Seine Virgula trepidans (Beberuthe) beschreibt er mir auch nicht deutlich genug. 6.) Virgula cadens ist eine gewöhnliche Wünschelruthe,

ruthe, die nur etwas tiefer vom Stamme gebrochen wird, so daß man ohngefehr vier queer Finger lang unterm Knoten abbricht, aus diesem Stücke bis an den Knoten das Mark aushöhlt, und etwas Gold hineinsteckt. 7.) Virgula obvia (Oberruthe), ist wie Virgula cadens, nur daß man statt des Goldes 3 Gerstenkörner schwer Mercur. viv. hineinsteckt.

§. 9.

Um verborgene Dinge, Diebe ꝛc. zu offenbaren, bedient sich der abergläubische Pöbel einer Frageruthe. Das Instrument ist nichts weiter, als gewöhnliche Schlageruthe, die aber so besprochen seyn soll, daß sie durch ihr Neigen die vorgesagten Fragen mit ja beantwortet. Neigt sie sich nicht, so bedeutet es nein. Doch genug des Unsinns. Zum Glück herrscht dergleichen nur noch in gebirgigten Gegenden; gut wäre es aber doch, wenn er auch hier einmal weggeräumt würde.

IV.

Benennungen.

§. 10.

Hübsch Kind hat viel Namen; unser Gegenstand müste also einmal oder mehrmal recht das favorit Spielwerk gewesen seyn, denn er hat eine ansehnliche Menge Namen. Im Lateinischen heißt sie Virgula divina, seu divinatrix, sive divinatoria und Furcilla. Diese bezeichnen vorzüglich die Schlageruthe, die ich kat'exochen die Wünschelruthe nenne. Virga mercurialis drückt die Virgula obvia Valentini aus. Virga aurifera ist vorzüglich die Virgula cadens Valentini. Virga metalloscopica und Virga metallica hat theils von ihren Bestandtheilen, theils von der ihr besonders zugeschriebenen Wirkung den Namen.

Die Franzosen nennen sie Caducée, Verge

ge divine, Baguette divine, Baguette divinatoire, Verge d'Aron und Baton de Jacob.

Wir Deutsche: Glücksruthe, Schlageruthe, Wickeruthe, Wünschelruthe, Frageruthe u. ſ. w.

V.

Von den Wirkungen der Wünschelruthe.

§. 11.

Man schrieb ihr in den ältern Zeiten ausserordentliche und viele Wirkungen zu, als Erzgänge, Wasseradern, vergrabene Schätze, verlohrne und gestohlne Sachen, versunkene Grenzsteine und dergleichen, dadurch zu finden; imgleichen auch Verbrecher, Diebe, Hexen, Geheimnisse ꝛc. dadurch zu entdecken. Dieses letztere geschah wahrscheinlich durch der Ruthe vorgesagte Fragen, bis ein gewisser Franzose am Ende des 17ten Jahrhunderts sie gar zum Spürhund machte, ein Paar Diebe mit der Ruthe in der Hand zu Lande und zu Waßer verfolgte, und wie es heißt, sie dadurch entdeckt haben soll. Dieses verursachte damals einen großen Lärmen, und man fing an ex professo dafür und dawieder zu schreiben.

ben. Mit ihren Vertheidigern gings nun so wie es noch heutiges Tags zu gehen pflegt; sie vervielfältigten und übertrieben, oder machten sich wohl gar erst ein System, und reckten hernach alles darnach, wie der Schuster das Leder über den Leisten. Nur die Gegner machtens etwas anders, als unsere jetzigen Zweifler: sie leugneten, da sie einmal leugnen wollten, nicht alles weg, sondern gaben die Wirkungen selbst zu, und schrien nur wie die Juden zu Christi Zeiten: das hast du durch Beelzebub den Obersten der Teufel gethan! —

§. 12.

Vielleicht war es damals Geist des Zeitalters, daß man nicht Lust hatte über- oder wiedernatürliche oder so scheinende Dinge, entweder an sich, oder als Wirkungen betrachtet, in Zweifel zu ziehen; sondern lieber den bequemern Weg einschlug, und goß es dem Herrn Teufel in die Schuhe, so war die Sache auf einmal und ganz leicht erklärt, und der gordische Knoten — zerhauen. Sollte aber, bei alle den unendlich großen Verheißungen, von der Wunderkraft eines kahlen Stückchen Holzes, keiner der darüber denkenden und schreibenden Gelehrten und Nichtgelehrten, deren doch nicht wenige waren, so neugierig geworden seyn, einen Versuch damit anzustellen, um zu versuchen, ob das Ding auch Probe hielte? Sollte nie ein vernünftiger, denkender und wahrheitsliebender Mann die Ruthe geprüft haben? Und wenn die Lust, sich und das Publicum zu hintergehen, auch noch so groß gewesen wäre, sollte unter den Vielen, die sich thätlich und schriftlich damit abgaben, nicht einer so ehrlich gewesen seyn, öffentlich zu gestehen: ich habe es versucht und versuchen sehen, und habe — nichts, — oder statt Naturwirkung bloßen Betrug gefunden? Oder sollten sie alle, ohne Ausnahme, ohne eigene Untersuchung, blos vom Hörensagen dem Publico was vorgeschwatzt und aufgehefter haben? — alle? — fast läßt sichs nicht denken!

§. 13.

§. 13.

Unter denen Schriftstellern die dafür waren, (des alten Paters Basilius Valentinus nicht zu gedenken,) zeichnet sich besonders Joh. Gottfr. Zeidler in seinem Pantomysterio aus. Er schrieb ex professo über die Ruthe, und ein anderer, der Professor war, dessen Name mir aber nicht gleich beifällt, machte ihm, der damaligen Sitte gemäß, die Vorrede zum Buche. Zeidler beruft sich stets auf eigene Erfahrungen, auf die Bemerkungen anderer gelehrter Zeitgenossen, fordert jeden auf Versuche damit zu machen, und verspricht ihm, eben dieselben von ihm erzählten Wirkungen zu erfahren. Ob dieser liebe Mann die Sache nicht hin und wieder übertrieben habe, will ich nicht verantworten. Sollte er aber gar keine besondere Wirkungen von seinem beschriebenen Instrumente gesehn, also alles aus der Luft gegriffen, seinen genannten Freunden und Gegnern, und dem ganzen Publico ins Angesicht gelogen haben? — Dies zu behaupten, dazu gehört doch wohl mehr, als die bloße Lust zu zweiflen. Zeidler müste ein Betrüger von Profeßion, oder ein recht sehr einfältiger, schwacher, und der Täuschung im höchsten Grade unterworfener Mann gewesen seyn, und beides merkt man ihm in seiner Schrift doch eben nicht an. Dies gilt auch von allen übrigen Schriftstellern, die seiner Meinung sind.

§. 14.

Der schon oben angeführte Pater Bapt. Vallemontius aus dem 17ten Jahrhunderte, gehört auch hieher in seiner Physica occulta, worin er, gegen die Gewohnheit seines Zeitalters, vielleicht auch seines Klosters, dem Teufel die Ruthe aus den Händen reißt, und ihre Wirkungen für ganz natürliche und eigene Erfahrungen erklärt.

§. 15.

Montanus in seinem Bergwerksschatze, und Wille in seinem wahrhaftigen und gründlichen

lichen Unterrichte von der Wünschelruthe, sind auch dafür; wie auch Schott in seiner Magia Sympath. und Aldrovandus in seiner Ratio metall. inven. Ich führe diese, eben so wenig wie die vorigen, als Beweise für die Sache an, sondern theils als Hülfsquellen für den, der sich mit den Meinungen älterer Schriftsteller über diese Materie etwa wollte bekannt machen, theils zu zeigen, daß man die Wünschelruthe einer gelehrten Untersuchung nicht unwerth hielt, und endlich anzumerken, daß selbst Mönche, die doch sonst gern mit dem Teufel wucherten, hierin ihren Grundsätzen entsagten, und also wahrscheinlich nicht ganz ohne sinnliche Ueberzeugung schrieben.

§. 16.

Ob ältere Schriftsteller alle Wirkungen der Wünschelruthe abläugnen, weiß ich nicht. Vielleicht thuts Theoph. Albinus, dessen Buch: Entlarvtes Idolum der Wünschelruthe, ich nicht habe zu Gesichte bekommen können.

Viel=

Vielleicht thuts auch Mifander in feinen Deliciis biblicis anni 1691, wo er ſich Pag. 878 darüber herauslaſſen ſoll; welches ich aber auch nicht nachgeſchlagen habe, weil ich das Buch nicht auftreiben konnte.

§. 17.

Unter denen, die nicht ganz dafür ſind, ſteht Paracelſus oben an: er nennt ſie in ſeiner Philoſophia occulta trügeriſch. Pag. 490: Virgula divinatoria fallax eſt &c.

§. 18.

Die übrigen, mir eben beifallenden Schriftſteller, läugnen ihre Wirkung nie ganz ab. Z. E. die Acta philoſophica der königlichen Societät der Wiſſenſchaften in Engelland, Nov. 1666, Pag. 344, geben die Wirkungen als bekannt und richtig zu, werfen aber nur die Frage auf: ob dieſe in der Natur gegründet wären, oder vom Herrn Urian bewirkt würden? Dieſe Frage mag damaliger Zeit viel Kopfbrechens verurſacht haben, heutiges

ges Tages wird sie jeder leicht beantworten. Diese Sprache führen übrigens viele, s. Thaumaturg. Physic. Lib. IV. Cap. I. p. 422. Eben so finde ich den Hermann Lignaridus S. S. Theol. in Schola Bernensi Prof. allegirt, dessen Oblectam. Acad. ich aber nicht habhaft werden konnte. Dieser soll sich hauptsächlich mit Untersuchung des Ursprungs der Wünschelruthe beschäftigt haben.

Lud. Duncte, Balduinus, Dannhauerus, Dedekennus, Gerhardus, Laſſenius, Melchior Sylv. Exhardus in seinem Christiano religioso, u. a. m. läugnen ihre Wirkung nicht ganz, behaupten aber: sie gehöre zur Magia divinatrix, und da hätte denn der arme Teufel schon wieder die Schuld.

§. 19.

Doch! — es mögen alle die Männerchen darüber geschrieben und gedacht haben, was sie wollen, gesehen oder geglaubt, untersucht oder fabulirt, vorsetzlich geprellt, oder in
Ein=

Einfalt nachgebetet, sich selbst getäuscht, oder sich haben täuschen lassen ꝛc. ꝛc. Wir leben in Zeiten, wo man in dergleichen Dingen nicht nachbetet, sondern denkt:

Purius ex ipso fonte bibuntur aquæ,

die Sache also erst selbst untersucht, und dann urtheilt. Höchstens mögen uns jene aufmerksam auf die Sache selbst machen, vorläufig von der Wichtigkeit oder Nichtigkeit des Gegenstandes uns muthmaßen lassen, und uns auf die rechte Spur der kürzesten und sichersten Prüfung helfen. Hiemit könnte ich diesen Abschnitt schließen, da ich aber, so viel als möglich, Aufmerksamkeit auf unsern Gegenstand erregen will, so muß ich folgendes noch anmerken, doch ohne dadurch Vorurtheil für die Ruthe erregen zu wollen.

§. 20.

Daß Bergwerke schon in den ältesten Zeiten betrieben wurden, sieht man deutlich aus Hiob

Hiob XXVIII, 1—5, und weiß es auch aus andern Quellen. Daß die Wünschelruthe seit mehr als 300 Jahren beim Bergbaue gebraucht wurde, Gänge damit auszugehen *), bezeugen alte Schriftsteller hinlänglich. Daß die Ruthe bis jetzt sich in diesem Ansehen beim Bergbaue erhalten, liegt am Tage, denn man bedient sich derselben noch jetzt. Sollte dieses seyn können, wenn die Wünschelruthe von jeher immer gelogen, nichts, oder immer falsch, oder unter vielen, nur zufälliger Weise einmal richtig, angezeigt hätte? Sollte mans nicht in 300 Jahren endlich einmal gemerkt haben, daß es alles

Wind

---

*) Vielleicht rühren die Termini technici, Gang und Ort, von dem Gehen mit der Ruthe her, daß man sagte: wir werden nun bald an den Ort kommen, wo ich mit der Ruthe ging, und wo sie schlug, und endlich: dies ist der Ort! Hier war mein Gang! wo die Ruthe auf unterirdisches Erz deutete. Doch dies nur beiläufig.

Wind mit der Ruthe sey? Würde man den Gebrauch derselben nicht untersagt, oder doch ihre Anzeigen unbefolgt gelassen haben, wenn man, wäre es auch nur ein paarmal, von ihr irre geführt, zu entsetzlichen Kosten, die der Bergbau erfordert, verleitet worden wäre? — Nun bedient man sich derselben aber noch jetzt, weiß durch Traditionen, diese und jene Grube ist von dem und jenem aufgeschürft, der weiter keine Anzeigen von dem unterirdischen Gehalte haben konnte, als die Anzeigen der Ruthe, u. s. w. Sollte sich daraus nicht mit Wahrscheinlichkeit vermuthen lassen: sie kann nicht immer gelogen haben? — Wenn dann auch nur etwas weniges Wahres dran ist, so verdient sie immer einmal recht ernsthaft beleuchtet zu werden, vielleicht daß wir von den, bis jetzt noch unbekannten, Kräften der Natur etwas neues entdecken.

VI. Meine

VI.

Meine Bemerkungen.

§. 21.

Nun wirds endlich Zeit, daß ich meinen Lesern sage, daß auch ich einige Versuche mit der Wünschelruthe gemacht habe, wozu ich halb gezwungen war: denn leider dachte ich vorhin wie viele andere: es ist Aberglaube, denn ich begreife nicht wie das zugehn sollte 2c. und dabei befand ich mich wohl, ohne an weitere Ueberzeugung zu denken. Daß ich untersuchen muste, geschah auf folgende Art. Der Leser wird mir verzeihen, wenn ich jetzt etwas weitläuftig werden sollte, denn ich glaube, jede Kleinigkeit ist bei einer solchen Untersuchung wichtig.

§. 22.

Meine Vaterstadt war ehemals eine wichtige Bergstadt, welches sie aber seit dem

30jährigen Kriege aufgehört hatte zu seyn. Nun fiels meinem Bruder und mir ein, den ehemaligen Nahrungszweig unserer Vaterstadt wieder aufzunehmen und in Gang zu bringen. Da mich aber meine Geschäfte in einer entfernten Gegend fesselten, so redete ich nur das Nöthige mit meinem Bruder ab, und überließ ihm die ganze Besorgung. Dieser erbat sich also einen Schürfzettel, ließ einen Bergmann kommen, der ein Ruthengänger von Profeßion war, und führte ihn in eine Gegend, wo ehemals Gruben gewesen seyn sollen. Der Bergmann tentirt den Ort mit der Ruthe, und sagt: hier ist ein Gang, der sehr schwach ist. Er geht eine gute Strecke weiter und sagt: hier wird er etwas stärker, aber edel ist er glaub' ich doch nicht. Die erste Hitze war indessen zu groß, man glaubte dem Bergmann nur das, was man wünschte, und was dem entgegen war, wurde bezweifelt. Man schlug ein, fand den Gang, und — weiter nichts, weshalb man sich genöthigt sah, den Bau einzustellen.

§. 23.

§. 23.

Man schritt hernach zur Muthung an einem andern Orte, wovon ich hernach mit mehrerm reden werde, wo keine Ruthe nöthig war. Endlich ging man mit der Ruthe in der Hand in eine Gegend, wo noch nie Bergwerke gewesen waren, schlug auch da ein, nach dem Anzeigen der Ruthe, fand Gang, und die beste Hoffnung zu reicher Ausbeute.

§. 24.

Nun kam ich einmal wieder zum Besuche nach Hause, und erblickte beim Eintritte ins Vorhaus eine Wünschelruthe an der Wand hängen, weswegen ich gleich zu meinem Bruder, der mir entgegen kam, sagte: Du wirst dich doch nicht mit dem albernen Dinge abgeben? Er verwies mich zur Geduld, mit dem Versprechen, daß mein Unglaube bald in Glauben sollte verwandelt werden. Er erzählte mir darauf obige Facta, deren ich §. 22. und 23. Erwähnung gethan, wobei ich aber noch

noch sehr viel einzuwenden fand, weßhalb er mich selbst durch handgreifliche Proben zu überführen versprach. Die Ruthe muste nun herunter kommen, ich nahm sie in die Hände, mein Bruder führte mich bis an die Pumpe, die in dem Brunnen in der Küche stand, und — sie rührte sich nicht. Ich triumphirte; er kam aber nicht aus seiner Fassung, sondern sagte ganz kaltblütig: sie schlägt dir nicht, das ist auch der Fall mit mir (indem trat ein Schneider ins Haus) vielleicht schlägt sie dem. —

§. 25.

Dieser hatte nie ein solch Ding gesehn, (nemlich als Werkzeug zu vorhabendem Behuf,) wuste also nicht wie ers angreifen sollte, wuste auch nicht was es eigentlich bedeute, und wie es würke. Er nahm sie nun nach Anweisung, gieng langsam bis an die Pumpe, — jetzt neigte sich die Ruthe. Der Schneider wurde todten blaß, schmiß das Ding von sich, und war vor Schrecken ausser Athem. Alle

Alle Haare, sagte er, wären ihm zu Berge gestiegen, wie sich das trockne Holz so mit Gewalt in den Händen umgedreht hätte.

§. 26.

Auf wiederhohltes Bitten, nachdem er sich von dem Schrecken etwas erhohlt, und die weise Anmerkung gemacht hatte, daß es doch nur Holz, und er sich nichts Böses bewußt wäre, machte er noch einige Proben mit demselben Erfolg. Ich fragte nun meinen Bruder: worauf schlägt denn hier die Ruthe? — Auf das Metall der Pumpe, oder des Ventils! versetzte er. Aufs Metall? erwiederte ich, und nahm einen Kessel von der Wand, legte ihn auf die Erde, und bat unsern neugebackenen Ruthengänger einmal hinüber zu schreiten. Er thats einigemal, und die Ruthe schlug nicht. Ein zweiter Triumph für mich. Mein Bruder schüttelte mit dem Kopfe, hin! sagt' er, so muß sie doch wohl nur auf Kluft und Gang schlagen. Also auch auf Erz? fragt' ich; allerdings erwiedert' er, das haben.

haben wir ja schon erfahren. O! sagt' ich, dergleichen kann man nicht zu oft erfahren, und führte den Ruthengänger, mit der Ruthe in der Hand, vor meines Bruders Stuffenschrank, der ganz voll von Silber=Kupfer=Bley=Zinn=Eisen=Markasit=Kiesstuffen und einigen Drusen war; die Ruthe stand aber ganz ruhig vor dem Schranke. Nun war mein Triumph vollkommen. Ich habe aber hernach erfahren, daß ich bei dem letzten Experimente etwas zu voreilig jauchzte: denn es war hier wohl nicht Mangel an wirkender Kraft, sondern Mangel an Gelegenheit zu wirken. Davon weiter unten ein mehreres.

§. 27.

Mancher wäre vielleicht mit diesem Siege zufrieden gewesen; ich glaubte aber doch noch nicht ganz gesiegt zu haben, und wollte ihn also noch erst im freyen Felde erkämpfen. Ich bat daher den Schneider, den andern Tag nach der Grube N. N. mit mir zu gehen. Dies war die Grube, deren ich §. 23. erwähnte.

wähnte. Sie war vor dem 7jährigen Kriege aufgenommen worden, blieb aber in jenem Kriege liegen *). Die Tr *** ger Gewerken, die sie aufnahmen, hatten schlechterdings kein anderes Merkzeichen, daß hier Erz vorhanden sey, als die Anzeige der Ruthe, und sie bedauertens gewiß, nicht ihrer Angabe gefolgt zu haben. Ein alter Schacht war noch vorhanden, der Bau war aber ersoffen. Der Stollen, den man damals um den Schacht zu retten angelegt hatte, war verfallen, und forn verschüttet, und wir waren eben dabei den Stollen wieder aufzuräumen. Im Schachte hatten sie ehemals gutes Kupfererz gehabt, und mit dem Stollen hatten sie den Gang auch schon gefaßt, und sehr gutes Kupfererz gehohlt. Hievon hatten wir sichere Nachrichten, selbst von Augenzeugen, und die alte Halle bezeugete es handgreiflich. Deswegen sagte ich, hier sey keine Ruthe nöthig gewesen.

§. 28.

---

*) Weil alle Gewerken durch den Krieg in die bitterste Armuth gestürzt worden waren.

§. 28.

Am andern Tage gingen wir mit einigen Gewerken dahin, und unterwegs gesellete sich noch ein Sägemüller dazu. Ich bat die ganze Gesellschaft, sich auszubreiten und Wünschelruthen zu suchen, und zwar nach der Angabe wie in §. 4. Wie wir an den Ort der Bestimmung kamen, hatten wir deren 2 gefunden, die also am hellen lichten Tage, ohne allen Aberglauben, ja sogar ohne Bekanntschaft mit demselben gebrochen waren. Mein Bruder, dessen Stockpferdchen nun etwas hinkte, hatte nicht Lust meinen Experimenten beizuwohnen; er ging daher mit allen übrigen hinab, die Stollenarbeit zu besehn, nur ich und der Schneider blieben auf dem Berge allein. Auf der Ostseite, nahe am Abhange, war der alte Schacht, und von W, S, W herauf ging der Stollen schräge herauf. Die Marke, wo mit dem Stollen der Gang gefaßt war, eine kleine Grube war noch sichtbar, woraus sich denn ganz deutlich auf das

Strei=

Streichen des Ganges schließen ließ, welches ohngefähr von O gen N, nach W gen S war.

§. 29.

Nun führte ich meinen Ruthengänger mit seiner Ruthe von Osten nach Westen auf dem Gange hinunter, und die Ruthe schlug unaufhörlich. Dann fing ich wieder von oben an, und führte ihn zickzack queer über den Gang hin und her. Kam er auf die Linie, so schlug sie, kam er wieder hinüber, so hörte sie auf zu schlagen. Nun merkte ich mir, wo sie anfing, aufhörte, wieder anfing, u. s. w. deshalb führte ich ihn so, daß ich an Büschen, Steinen, Stämmen, Sträuchern, Hügeln, Löchern und dergleichen meine Merkzeichen haben konnte. Endlich erinnerte ich ihn, ob er nicht auch die Stollenarbeit besehen wollte, denn die übrigen kamen schon wieder zurück. Er ging.

§. 30.

Nun gab ich die andere, an dem Tage
frisch

frisch gebrochene Ruthe, dem Sägemüller, der weder von der Behandlung dieser, noch von meiner Absicht, noch von meinen vorigen Experimenten etwas wuſte, und fand, daß sie ihm schlug, und zwar anfänglich immer einwärts, nach verschiedenen Gängen fing sie erst an auswärts sich zu neigen. Ich führte diesen nun denselben Gang nach den genommenen Merkmalen, und auch diese Ruthe fing da an zu schlagen, und hörte da auf, wo es die vorige gethan hatte, und — ich muß meine Schwachheit gestehn — ich ärgerte mich innerlich herzlich darüber. Ich gab ihm Schuld, daß er nicht fest genug halte, ging daher hinter ihn, faßte um ihn herum, hielt selbst mit dem Zeigefinger und dem Daumen die aus seinen Händen hervorragenden Spitzen der Wünschelruthe, und bat ihn ja recht fest zu halten. Er hielt was er konnte, ich desgleichen, und gingen beide in dieser Stellung langsam und behutsam vorwärts. Wie wir wieder auf den Gang kamen, neigte sie sich doch zur Erde, der Baſt

drehte

drehte sich in den Händen ab, und das Holz wäre gebrochen, wenn es nicht gar zu frisch gewesen wäre.

§. 31.

Dieses Factum lege ich den Naturforschern hier stillschweigends vor. Ich nicht! — Sie mögen darüber urtheilen. Nur das will ich noch hinzufügen, daß ich für die Richtigkeit dieser Thatsache bis aufs letzte Wort jederzeit hafte.

§. 32.

Bei diesen Versuchen bliebs eine Zeitlang, bis ich einst in einer Gesellschaft dieses Experiments gelegentlich erwähnte. Der Hr. Rittmeister von R*** war neugierig solch ein Ding einmal zu sehen. Ich suchte also eine anzuschaffen, und wurde auch einer habhaft. Nun wollte aber der Herr Rittmeister auch wissen, ob sie ihm, und wie sie schlüge, und in der ganzen Gegend war kein Erzgang zu vermuthen wegen der großen Fläche. Bei

meiner

meiner Erzählung hatte ich der Versuche, die wir in der Küche, und vor dem Stuffenschranke machten, nicht erwähnt, folglich schlug der Rittmeister vor, an meiner kleinen Sammlung von Erzstuffen das Experiment zu machen. Ich versicherte ihm darauf, daß ich aus Erfahrung wüste, daß sie auf solches Erz, welches schon an der Luft gelegen, nicht schlüge, und zum Beweise führte ich ihn an den Schrank. Die Ruthe schlug nicht. Es wandelte mich aber eine Muthmassung an, ich zog einen Auszug mit Stuffen heraus, ließ ihn die Ruthe senkrecht drüber halten, und nun schlug sie jedesmal, so oft sie in diese Richtung gebracht wurde. S. §. 26, am Ende.

§. 33.

Dies, lieber Leser, sind meine Erfahrungen alle, die nun von Kunstverständigen Bestätigung oder Wiederlegung erwarten. Eins soll mir so lieb seyn, als das andere, wenn nur durch sichere Erfahrungen bewiesen wird.

Da

Da ich nun doch aber vors erste nicht glauben konnte, daß ich so ganz und gar getäuscht sey, ob ich gleich die Möglichkeit nicht ableugnen kann, da ich nicht infallibel bin wie der heilige Vater Pabst, so habe ich hin und her gedacht, wie man erforderlichen Falls die Sache wohl am erträglichsten erklären könnte, und da ist mir denn folgendes eingefallen.

VII.
Meine Muthmaßungen.

§. 34.

Vorausgesetzt, daß die Wirkungen der Wünschelruthe in sofern bestätigt würden, daß sie auf Kluft und Gang schlüge, so würde ich muthmaßen, daß es eine, der magnetischen, oder electrischen ähnliche Kraft wäre, die die Ruthe in Bewegung setzte, die aber nicht polarisch, sondern centralisch wirkte. Man nenne dies nun Centralmagnetismus, oder electrischen Magnetismus, oder wie man will.

§. 35.

Daß die Kraft der Wünschelruthe, im obigen Falle, einige Aehnlichkeit mit der magnetischen haben müsse, läßt sich aus der Aehnlichkeit der Wirkungen schließen. Holz wäre denn dem Erze, was das Eisen dem Magnet ist. Wenn man annimmt, daß gleichsam ein Strom

Strom eines sehr subtilen Fluidums von einem Pole zum andern hinströmte, warum sollte man nicht einen ähnlichen conjecturiren können, der nach dem Mittelpuncte der Erde hinströmte. Diesem ähnliche Ideen hat man wenigstens schon geäussert. Diese Hin- und Durchströmung wäre fast nothwendig anzunehmen, um einiges bei der Ruthe daraus erklären zu können. Bei dem Magnet fällt sie dadurch sehr in die Augen, daß eine Nadel mit Magnet bestrichen, auf der Nordseite Eisen an sich zieht, und auf der Südseite von sich weiset, gleichsam als wenn hier eine Ausströmung statt fände.

§. 36.

Daß die Kraft, welche die Wünschelruthe in Bewegung setzt, auch zugleich Aehnlichkeit mit der electrischen habe, schlösse ich daraus, weil das Erz selbst so sehr viele Theile enthält, die mit der Electricität verwandt sind, und weil es, wie bei dieser, so auch bei jener isolirende Körper giebt. Ohne diese Hypothese wür-

würde ich wieder den einen Umstand nicht erklären können.

§. 37.

Ohne mich vors erste weiter mit der Systemschmiederei abzugeben, ehe die Sache selbst von mehrern untersucht und bestätigt worden ist, will ich nun einmal versuchen, wie sich nach meiner Conjectur einige Fragen, Einwendungen und Zweifel über unsern Gegenstand und meine Erfahrungen, beantworten und heben ließen. Und weil ich einmal ans Beantworten komme, werde ich vorläufig das mitnehmen, was man selbst bei dieser Schrift einwenden könnte. Ich werde mich bemühen, den Einwendungen alles mögliche Gewicht zu geben, um dem Vorwurfe der Partheilichkeit auszuweichen.

VIII.
Einwürfe.

§. 38.

Man könnte mir einwenden: 1, „Alle ihre an=
„geführte Schriftsteller beweisen nichts! Man
„glaubte damaliger Zeit vieles, worüber wir
„jetzt mit Grunde lachen. Man glaubte
„Hexerei ꝛc. ꝛc. und das thaten nicht allein
„Einfältige im Volke, sondern sogar Gelehrte.
„Man schrieb vieles, und wurde vieles mit
„öffentlicher Censur gedruckt, was wir für
„Unsinn halten. In der Naturkunde beson=
„ders war man sehr zurück, und geneigt mehr
„zu sehen, als da war, mehr zu glauben, als
„wahr war, und mehr zu behaupten, als
„man Grund hatte. Also kann mans keinem
„im Publico verdenken, wenn er ihren ange=
„führten Schriftstellern nicht eine Silbe
„glaubt." Alles wahr und richtig! und
wenn man ihnen nichts glauben will, um erst

durch ſinnliche Beweiſe überzeugt zu werden, ſo iſt mein Wunſch erfüllt, und meine Abſicht erreicht, um welcher willen ich ſie hauptſächlich anführte.

Anmerken muß ich doch aber, daß diejenigen, die die Wirkungen der Wünſchelruthe im Ganzen vertheidigen und behaupten, durchaus nicht zugeben wollen, daß die Sache über= oder wiedernatürlich zugehe, ſondern erklären ſie, freilich jeder nach ſeiner Art, für ganz natürlich. Baſilius Valentinus ſchreibt ſie einer Auswitterung, einer Gährung und Reinigung des unterirdiſchen Metalls zu. Aldrovandus nennts eine Sympathie zwiſchen dem Erze und gewiſſen Bäumen. Bapt. Vallemontius, Zeidler u. a. m. bauen ganze Syſteme auf, die wir, ſo lange wirs nicht mit mehrerer Gewißheit beſſer wiſſen, nicht ganz für Unſinn erklären können. Alles Uebrige, was ein Unpartheiiſcher noch drüber ſagen könnte, habe ich meines Erachtens ſchon §. 12 und 13. beigebracht.

§. 39.

§. 39.

Man kann 2, einwenden: „Daß die Ru-
„the sich beim Bergbau erhalten hat, beweist
„nichts, denn sie hat sich in der Hand des
„Pöbels, als Instrument eines declarirten
„Aberglaubens, auch erhalten, und der Ko-
„bolt, Berggeist ꝛc. spuken in den Bergwerken
„ebenfalls noch fort. Daß die Ruthe hier
„oft eintreffen kann, geht natürlich zu.
„Wahrscheinlich sind in jeder gebirgichten Ge-
„gend die ersten Bergwerke durch Zufall ent-
„deckt worden, aus diesen ließ sich nun nach
„dem Gestein und Streichen des Ganges
„leicht schließen, daß in dieser oder jener Ge-
„gend auch Erzgänge vorhanden seyn müsten.
„Man ging mit der Ruthe dahin, machte
„Hokuspokus, und glaubte die Wirkung der
„Ruthe bestätigt zu sehen. Wer überhaupt
„mit dem Aberglauben bekannt ist, wird wis-
„sen, wie gern ihn sein Verehrer bestätigt
„sieht, wie hoch er einen einzigen günstigen
„Zufall anrechnet, und wie gern er,“ sollte er

„das

„dagegen auch zehnmal das Gegentheil erfah„ren müssen, auf diesen einzigen Zufall zum „Märtirer des Aberglaubens wird." Dagegen habe ich nichts weiter einzuwenden, als; daß ich unleugbare Beweise, durch Thatsachen, aufstellen kann, wo kein Schluß vom Gestein, vom Streichen des Gangs, noch von andern äusserlichen Merkmalen Statt fand, und man doch der Ruthe zufolge Bergwerke aufnahm und betrieb, die noch dazu von andern welt genug entfernt waren.

§. 40.

3. „ Endlich — ihre Experimente? —" Sachte meine Herren! hier bin ich kitzlich! ich wills ihnen lieber vorher sagen, so giebts hernach keine schiefen Gesichter. Wiederspruch kann ich vertragen, und in Sachen des Raisonnements sehe ich ihn gern. Ich will gern zugeben, daß alle meine Schlüsse falsch sind, nur bitte ich, in Thatsachen mich nicht für wahnsinnig oder blödsinnig, blind oder gefühllos zu erklären, und mich, ohne bessere

Un=

Unterſuchungen, ins Angeſicht Lügen zu ſtra=
fen. Geſetzt ich urtheile unrichtig, ſo weiß
ich doch gewiß, daß ich richtig geſehn und ge=
fühlt habe. Wollte man hingegen was ein=
wenden, ſo bitte ich: keine Raiſonnements,
ſondern Thatſachen, wogegen ich nichts mehr
einwenden kann, mir entgegen zu ſetzen.

„Aber doch einige Berichtigungen und Er=
„läuterungen?"

Recht gern!

§. 41.

4. „Ihre Vaterſtadt war ehemals eine
„Bergſtadt, und in der Gegend, wo ihr Bru=
„der zuerſt ſchürfte, waren ehemals Gruben
„geweſen, alſo wars kein Wunder, daß er
„da Erz oder doch wenigſtens Gang fand."
Wahr! doch fand er ihn genau da, wo ihn
die Ruthe angezeigt hatte, und war kein ehe=
mals betriebener Gang, denn er fand ſich $1\frac{1}{2}$
Lachter unter der Oberfläche in einer ſchwar=

zen Schiefer. Dieser Fall war auch nicht bei der Grube, der ich §. 23. erwähnte, wie sie die Tr✱✱✱ger Gewerken zum erstenmale aufnahmen, s. §. 27. Auch nicht bei der Dritten, deren auch im §. 23. Erwähnung geschieht.

§. 42.

5. „Der Bergmann der die Operation „machte, war ein Ruthengänger von Pro„feßion? —" Wahr! doch war er in dieser Gegend noch nie gewesen, kannte weder den Ort, noch die Menschen, und muste gleich bei seiner Ankunft zu seinen Geschäften schreiten. Hernach konnte er gehen wo er wollte, denn er war nicht gerufen, etwa da zu arbeiten, konnte also auch keine Absichten haben.

§. 43.

6. „Warum schlug ihnen die Ruthe „nicht? — Vielleicht gehts ihr wie den Ge„spenstern, wer keine glaubt, sieht auch keine. „Sie bezweifelten damals die Wirkungen der „Ru=

„Ruthe, sie schlug also nicht, weil sie es nicht
„wollten, daß sie schlagen sollte. Sollte man
„hier nicht an Betrug der Ruthengänger
„denken? —" Daß ich hierauf keine be=
stimmte Antwort geben kann, versteht sich
wohl von selbst, denn die Hauptsache ist noch
nicht ins Reine. Nur dies kann ich anmer=
ken: Mein Vater glaubte ihre Wirkungen,
und vielleicht mehr als mancher andere, aber
die Ruthe schlug ihm nicht. Mein Bruder,
wie aus dem Vorigen erhellet, wagte sein gan=
zes Vermögen auf ihre Anzeige, aber ihm
selbst versagte sie doch den Dienst. Alle ge=
meine Bergleute lassen sich zu Märtirern der
Wünschelruthe machen, aber demohnerachtet
schlägt sie sehr vielen nicht. Hiemit wäre
nun vielleicht jener Einwurf entkräftet; aber
nun bleibt noch immer die Frage: wie sollte
es wohl zu gehen? —

Es giebt Körper, die die elektrische Mate=
rie an sich ziehen, welche die es nicht thun,
es giebt Körper, die isolirend sind, die Elek=

tricität nicht durchlaſſen ꝛc. ꝛc. Wie wäre es, wenn wir in Ermangelung eines beſſern vors erſte einmal wähnten: die Materie, welche die Ruthe bewegt, habe dieſe Eigenſchaft mit der elektriſchen gemein, und es gäbe menſchliche Körper, die eine ſolche Ausdünſtung hätten, daß die Kraft, welche die Ruthe in Bewegung ſetzt, dadurch an ihrer Wirkung verhindert würde? —

§. 44.

7. „Dies, ohne es zuzugeben, einmal angenommen. Warum ſchlug die Ruthe doch, „wie ſie ſie halfen an beiden Enden feſt hal„ten? —" Ich ſelbſt ſtand hinter dem Manne, der ſie eigentlich führte, und hielt ſo, daß beide Spitzen frei blieben, da hätte ja wohl das mehrere Homogene des Ruthengängers mein minderes Heterogenes überwiegen können?

§. 45.

8. „Warum muß die Ruthe eben Haſeln„holz

„holz seyn?" Ich weiß nicht! Vielleicht thuns auch andere Holzarten, die wir mit der Zeit noch kennen lernen, so wie wir bei der Elektricität gelernt haben, daß wir nicht blos durch Glas, sondern auch durch viele andere Dinge dieselbe hervorbringen können, und daß wir dem Eisen die Kräfte des Magnets, ohne Magnet, geben können. Vielleicht aber hat das Haselnholz die meiste anziehende Kraft für diese unbekannte Materie, und ist daher am bekanntesten und gebräuchlichsten. Wenn man ältern Schriftstellern glauben dürfte, so könnten sehr viele Dinge statt des Haseln=strauches gebraucht werden.

§. 46.

9. „Warum müssen beide Spitzen aus ei=„nem Auge gewachsen seyn?—" Das weiß ich auch nicht! Aeltere Autoren sind nicht so gewissenhaft in ihrer Angabe; ich aber will von nichts weiter reden, als von dem, was ich versucht habe, und das war so. Vielleicht verhält sichs folgender Gestalt: Zwo Sprossen
aus

aus einem Auge haben gewöhnlich ziemlich gleiche Dicke und Länge, und da sie in einem und ebendemselben Jahre gewachsen sind, auch wohl gleich viel Saugröhren, welche alle in dem Punkte des Knotens, woraus sie gewachsen sind, zusammen, und da sie abgebrochen ist, auslaufen, wodurch denn eine Durchströmung eines subtilen Fluidums erleichtert, verstärkt und angezogen würde. Dieses würde nicht so geschehen, wenn die Reiser von ungleicher Dicke, Länge, Anzahl der Saugröhren wären, und nicht in einen Punkt vereinigt ausliefen. Ob man mich hier versteht, weiß ich nicht, — thut vors erste aber auch nichts! An Conjecturen wirds nicht fehlen, wenn die Facta erst erwiesen sind.

§. 47.

10. „Warum muß die Ruthe so, und „nicht anders gehalten werden? — " Will ich etwas drauf antworten, so muß ich jene Hypothese fortsetzen. Also vorausgesetzt, daß
die

die Wirkung der Wünschelruthe durch eine centralische Einströmung eines gewissen subtilen Fluidums, so wie die des Magnets durch eine polarische, bewürkt würde, und diese gern ihren Weg durch eine solche haselne Ruthe nähme, und ich die Ruthe so ∧ hielte, so könnte dieses ohne alle Verhinderung geschehen, und brauchte keine Veränderung mit der Ruthe vorzugehen, die mich bemerken ließe, daß jetzt eine solche Durchströmung vor sich ginge. Biege ich aber die untersten Spitzen auswärts, so würde sich die durchströmende Materie von beiden Seiten vertheilen müssen, und nicht mehr ungehindert senkrecht hinab ziehen können. Den beiden Händen kann sie keine andere Richtung geben, auch nicht die ganze Ruthe herausreissen, es bleibt also, da sie doch einmal auf die Ruthe wirkt, nichts anders übrig, als den obenstehenden Vereinigungspunkt beider Reiser herunter zu ziehen, daß er nun so v zu stehen kommt, wo wieder eine ungehinderte Durchströmung Statt findet. So ließe sichs, glaub' ich, am erträgträglichsten erklären, wenn alles Vorausgesetzte wahr wäre.

§. 48.

11. „Sollte das Geberden des Schneiders „keine Grimasse gewesen seyn?" — Daß sie es nicht war, dafür bürgte mein Bruder, und ich kanns also auch.

§. 49.

12. „Wenn die Ruthe auf Erz schlägt, „warum nicht auch auf Metall?" — Vielleicht hat das Feuer beim Schmelzen diejenigen Theile herausgejagt, die die Wirkung hauptsächlich begünstigen: vielleicht liegt auch die Ursach in der verschiedenen Zusammenmischung von Metall, Arsenik, Schwefel, Stein ꝛc. ꝛc. woraus das Erz besteht, und welche durch die Scheidung aufgehoben wurde.

§. 50.

13. „Da sie doch auf Erz schlagen soll, „warum zog sie nicht an vor dem Stuffen=
„schran=

„ſchranke?" — Weil ſie horizontal davor gehalten wurde, ſobald ſie ſenkrecht über das Erz kam, ſchlug ſie. Es wäre dieſes, däucht mir, ein Bewegungsgrund mehr auf einen electriſchen Centralmagnetismus zu muthmaßen.

§. 51.

Vielleicht läßt ſich noch mehr einwenden, und wenn die Sache erſt genauer unterſucht iſt, auch gewiß beantworten. Ich würde mich glücklich ſchätzen, wenn ich durch dieſe kleine Schrift die Veranlaſſung dazu gegeben hätte. Die Ehre der völligen Aufklärung dieſer Naturbegebenheit, will ich gern andern überlaſſen.